爱上自然课
AISHANG ZIRANKE

香料工厂：芳香植物
XIANGLIAO GONGCHANG：
FANGXIANG ZHIWU

知识达人 编著

成都地图出版社

图书在版编目（CIP）数据

香料工厂：芳香植物 / 知识达人编著 . —成都：
成都地图出版社，2017.1（2021.5 重印）
（爱上自然课）
ISBN 978-7-5557-0259-7

Ⅰ . ①香… Ⅱ . ①知… Ⅲ . ①香料植物–青少年读
物
Ⅳ . ① Q949.97-64

中国版本图书馆 CIP 数据核字 (2016) 第 079987 号

爱上自然课——香料工厂：芳香植物

责任编辑：向贵香
封面设计：纸上魔方

出版发行：成都地图出版社
地　　址：成都市龙泉驿区建设路 2 号
邮政编码：610100
电　　话：028 - 84884826（营销部）
传　　真：028 - 84884820

印　　刷：唐山富达印务有限公司
（如发现印装质量问题，影响阅读，请与印刷厂商联系调换）

开　　本：710mm×1000mm　1/16
印　　张：8　　　　　　字　　数：160 千字
版　　次：2017 年 1 月第 1 版　印　　次：2021 年 5 月第 4 次印刷
书　　号：ISBN 978-7-5557-0259-7

定　　价：38.00 元

版权所有，翻印必究

目录

像葡萄一样的风信子

花店出售的鲜花，都是有一定寓意的，也就是说，每一种切花都有大家公认的含义。买一束鲜花送给朋友，是在传达买花人的心意。

漂亮的风信子有太多的颜色，每种颜色都有不同的花语，如：

蓝是风信子是风信子的始祖，其花语是生命。

红色风信子的花语——感谢你，你的爱充满我心中。

黄色风信子的花语——幸福、美满，与你相伴很幸福。

淡紫色风信子的花语——轻柔的气质、浪漫的情怀。

白色风信子的花语——恬适、不敢表露的爱、暗恋。

深蓝色风信子的花语——因爱而有些忧郁。

风信子的原产地是南欧地中海东部及小亚细亚半岛一带，荷兰则是目前的主要产地。风信子的园艺品种非常多，在18世纪就有2000个以上的风信子品种；20世纪80年代以后，我国也从荷兰引种了大量风信子品种。

每株风信子的叶子和花朵的数目都不相同，没开花时，花骨朵

像大蒜一样，它的花像葡萄似

的一串串的生长，十分可爱。花的

颜色很多，常见的有蓝色、紫色、玫瑰

红色、粉红色、黄色、白色、蓝色等。

　　别看风信子只是一种植物，可它却拥有和动物们一样的

休眠习惯哟！不同的是它的休眠时间是在夏天，等到秋冬季

节来临后便会生根，春季到来的时候再萌芽生长。同学们是

否纳闷，这大热天的，风信子怎么就能"睡"得着呢？

　　原来在6月上旬时，风信子的整株植物都会枯萎。同学

们不要以为它们已经死了，其实这是风信子在休眠中等待新

一轮的花开花落呢！

　　那么，风信子娇气吗？不，只要我们掌握了正确的栽培

方法，它便能够很好地存活，并且会为你奉献它那迷人的芳

香。下面我们就来教同学们如何栽种风信子吧！

　　风信子开花所需要的养分，主要是靠茎叶来储存、供给

的，所以选择种子时，要挑选那些表皮坚硬无损伤、沉重饱

满、不过分皱缩的种球。只有这样才能保证它的存活以及开花哟！

另外，风信子适合在养分充足的肥沃土壤中生存。在栽种前，可以用化学药剂福尔马林浇在温度为10～15℃的土壤上，接着用薄膜覆盖，然后在温暖的环境中放上3天，撤去薄膜后再晾置1天，最后进行栽种。不过要记得时刻保持土壤的温润哟！

不仅如此，光照也很重要，如果光照过弱，会导致植株瘦

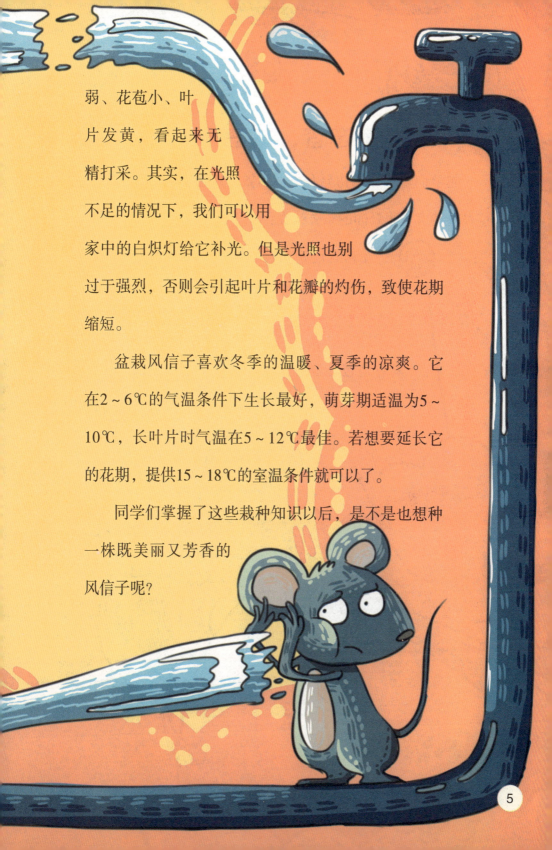

弱、花苞小、叶片发黄，看起来无精打采。其实，在光照不足的情况下，我们可以用家中的白炽灯给它补光。但是光照也别过于强烈，否则会引起叶片和花瓣的灼伤，致使花期缩短。

盆栽风信子喜欢冬季的温暖、夏季的凉爽。它在2～6℃的气温条件下生长最好，萌芽期适温为5～10℃，长叶片时气温在5～12℃最佳。若想要延长它的花期，提供15～18℃的室温条件就可以了。

同学们掌握了这些栽种知识以后，是不是也想种一株既美丽又芳香的风信子呢？

迷迭香，好香啊

同学们知道在植物界有一种叫做"迷迭香"的植物吗？这种植物有着很好闻的茶香味呢！

迷迭香属于灌木，树皮是暗灰色的，其上有不规则的纵裂纹。奇怪的是它们的幼枝居然是四棱形，上面还被一些白色星状的茸毛密密麻麻地包裹着呢！它们的叶子长在幼枝的枝头

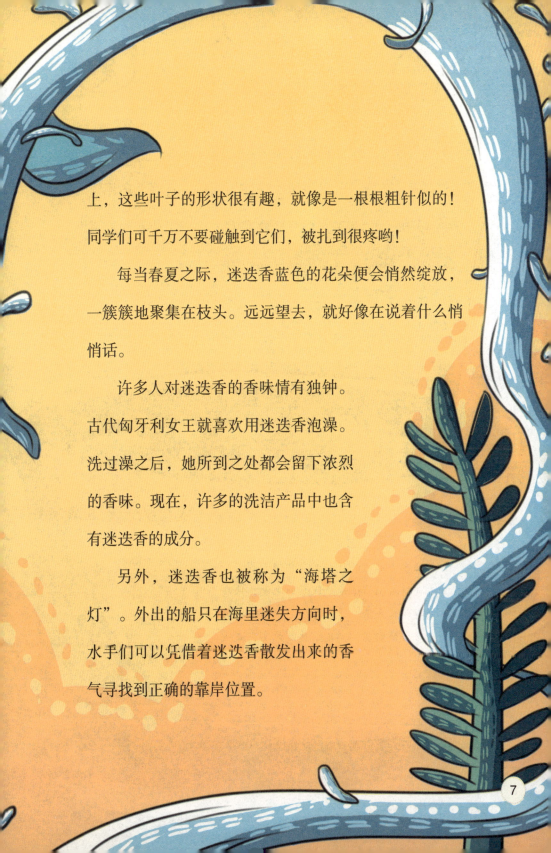

上，这些叶子的形状很有趣，就像是一根根粗针似的！同学们可千万不要碰触到它们，被扎到很疼哟！

每当春夏之际，迷迭香蓝色的花朵便会悄然绽放，一簇簇地聚集在枝头。远远望去，就好像在说着什么悄悄话。

许多人对迷迭香的香味情有独钟。古代匈牙利女王就喜欢用迷迭香泡澡。洗过澡之后，她所到之处都会留下浓烈的香味。现在，许多的洗洁产品中也含有迷迭香的成分。

另外，迷迭香也被称为"海塔之灯"。外出的船只在海里迷失方向时，水手们可以凭借着迷迭香散发出来的香气寻找到正确的靠岸位置。

除此之外，它还有很多用途呢！比如，它的味道辛辣、微苦，可以被用作烹饪的调料，有些人还用它泡茶喝；而且迷迭香被摆放在室内，不仅使室内充满芳香，还能起到净化空气的作用呢！

迷迭香还有美容功效哟！

迷迭香具有收敛功效，常用于美容，可以帮助人们清洁皮肤深层的毛囊，让皮肤变得细腻光滑。迷迭香还可以消除人们面部多余的脂肪，使皮肤更加紧实，减缓衰老。

薰衣草不仅美丽，
还可药用哟

关于薰衣草的来历，欧洲有这样的传说：

相传很久以前，有一位私自下凡的天使爱上了一个名叫薰衣的人间女孩。可是天堂的规矩是不允许天使喜欢凡间女子的，若是不中止恋爱，就必须受到脱落翅膀的惩罚。西方传说中，天使的肩膀上长着一对大翅膀，像白色的天鹅一样，有翅膀才能飞翔。可见，脱落翅膀的惩罚对一位天使来说，是多么的严厉。但这位天使一心与这位凡间女子相恋。虽然他每天都要忍受翅膀脱落后的剧痛，但他的心里依然快乐，因为他可以和自己喜欢的女孩在一起。

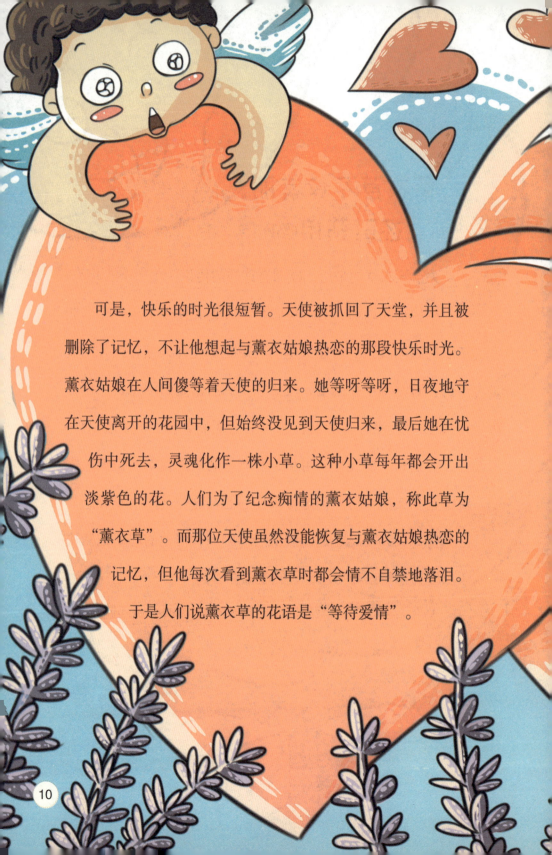

可是，快乐的时光很短暂。天使被抓回了天堂，并且被删除了记忆，不让他想起与薰衣姑娘热恋的那段快乐时光。薰衣姑娘在人间傻等着天使的归来。她等呀等呀，日夜地守在天使离开的花园中，但始终没见到天使归来，最后她在忧伤中死去，灵魂化作一株小草。这种小草每年都会开出淡紫色的花。人们为了纪念痴情的薰衣姑娘，称此草为"薰衣草"。而那位天使虽然没能恢复与薰衣姑娘热恋的记忆，但他每次看到薰衣草时都会情不自禁地落泪。

于是人们说薰衣草的花语是"等待爱情"。

那么，薰衣草是否如故事里的"薰衣姑娘"一样美丽呢？薰衣草是多年生草本植物，不同品种的薰衣草，植株高度也会不同。在海拔高的山区，薰衣草能长到1米左右呢！而在海拔低的地区，薰衣草只能长到手掌那么高！生长环境不同，能使薰衣草的"身高"相差5倍！

薰衣草的叶子为椭圆形，或者为较大的针形，叶子的边缘反卷着，就好像妈妈们做的卷发一样哟！同学们，薰衣草虽然

被称为草，但它却能开出很多色彩鲜艳的小花！它的花朵颜色有蓝色、深紫色、粉红色、白色等，不过，我们常见的大多为紫蓝色。

薰衣草不仅长得好看，而且还带有清淡的香气呢！因为它们的花、叶和茎上的茸毛里有一种油腺，轻轻碰触油腺，就能使其破裂，并溢出香味来，就像是一个灌满香气的气球爆炸了一样，香气一下子弥漫四周。

薰衣草不仅有诱人的芳香和迷人的色彩，它还有"百草之王"的美称呢！

在西方，欧洲的妇女们喜欢把它们采摘回来，晒干后装在小布袋内，外出时放在身上，防止外界细菌的侵害。而且，脾气暴躁、情绪不安的人在闻到薰衣草的香味后，能够神奇地安静下来。同时它对失眠、头痛和心神不定的症状也有缓解的作用哦！

人们还发现薰衣草有养脾健胃的效果。于是，在许多的菜肴中，人们会放些薰衣草来调味，或者将它们掺在醋、酒、果冻中增添芳香。以薰衣草为原料调制出来的酱汁别具风味，据说英国女王伊丽莎白一世便是其忠实的爱好者呢！

有我艾叶在，
细菌快走开

"采艾叶采艾叶，五月艾叶高，清香在身边绕，棵棵艾叶长得好，采来芳香门前飘……"

　　细心的同学们会发现，到了夏天，有些人家的门上经常会插一束艾叶。大家知道这是为什么吗？嘻嘻，它其实是用来驱除蚊虫、回避灾邪的哟！在说艾叶之前，先给同学们讲一个关于其名字由来的传说。

　　唐代有一位非常有名的大夫——孙思邈，被后人尊称为"药王"。孙思邈从小就跟着父亲上山采药，治病救人。有一天，他和几个要好的伙伴一块儿去山上玩耍，不料其中一个小伙伴在玩耍的过程中扭伤了脚。小伙伴疼得坐在地上"哇哇"大哭，其他人都被吓坏了，一时不知道该怎么办才好。

这时，孙思邈想起与父亲采药时发现的一种草，于是便四处寻找，发现一株后，连忙拔起，并放在嘴里嚼碎，然后涂抹在小伙伴的疼痛处，不久，小伙伴受伤的脚就不疼了。小伙

伴们问孙思邈这种草的名字。孙思邈当时不知道，只是支吾地说："哎呀哎呀……"大家以为这种草名就是"艾叶"，从此艾叶的名字便流传开来。

怎么样？艾叶的来历很奇特吧？下面来说说艾叶的基本情况吧！

艾叶又名艾蒿、艾草，它的叶子上有许多皱褶，就像是皱巴巴的皮肤一样，并且叶子上带有短柄，完整的叶片是椭圆形的，很像飞碟！

与多数植物不一样，艾叶的花不在春天绽放，而是在秋天开放。艾叶的种类有很多种，而且每一种都有着浓烈的芳香气息，所以人们看见它，都会爱不释手。

同学们，别看艾叶长得娇滴滴的，其实它很耐旱，而且喜阴。它们喜欢在温暖湿润、土壤肥沃的环境中生

艾叶的养生妙用

取细软且煮熟的艾叶1千克，用布包起来做成艾枕，坚持每天晚上枕用，能改善因风寒引起的头痛。另外，它还可以很好地预防感冒。若用它们来制作鞋垫，能够治疗和预防因为寒冷天气里湿气重引起的脚气、足癣、冻疮等。

长。中国很多地区都能看到它们的身影，其中以李时珍的家乡——湖北蕲州产的艾叶品质最好。

最后要提醒同学们：艾叶不能生吃。如果口服了大量的艾叶，是会中毒的哟！

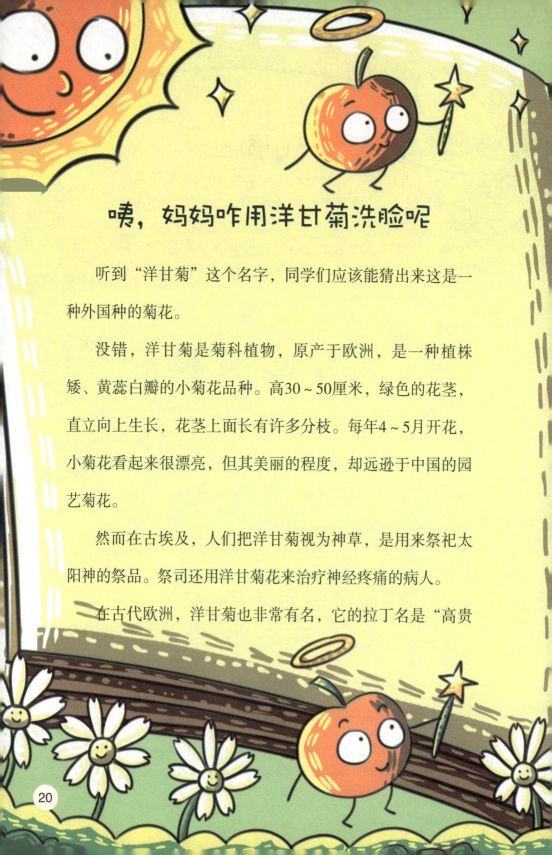

咦，妈妈咋用洋甘菊洗脸呢

听到"洋甘菊"这个名字，同学们应该能猜出来这是一种外国种的菊花。

没错，洋甘菊是菊科植物，原产于欧洲，是一种植株矮、黄蕊白瓣的小菊花品种。高30～50厘米，绿色的花茎，直立向上生长，花茎上面长有许多分枝。每年4～5月开花，小菊花看起来很漂亮，但其美丽的程度，却远逊于中国的园艺菊花。

然而在古埃及，人们把洋甘菊视为神草，是用来祭祀太阳神的祭品。祭司还用洋甘菊花来治疗神经疼痛的病人。

在古代欧洲，洋甘菊也非常有名，它的拉丁名是"高贵

的花朵"。古希腊人称它为"苹果仙子"，古罗马人用洋甘菊来治疗蛇伤。看来洋甘菊并不是以花型美丽，而是因药用功能而受到人们的重视。

洋甘菊因产地、功效不同而分为三种：

纯正的西洋甘菊，又称"母菊"，是一年生草本植物。

罗马洋甘菊，是多年生草本植物。

德国洋甘菊，是一年生草本植物，植株很小。

每年春季，洋甘菊的花朵会对着阳光展露出它甜美可爱的笑脸。你轻嗅它的花瓣，就会闻到一股像苹果一样的芳香。花朵长在整株植物的顶端，花瓣很小，看上去像羽毛一样散布

在鹅黄色的花蕊周围，就像美丽的天使在守护着心爱的女孩一样。

同学们，洋甘菊的种子非常小，1万多粒种子的重量才1克左右，如果我们不睁大眼睛仔细看，是发现不了它们的！如果洋甘菊的每粒种子都能发芽，恐怕土地上到处都是洋甘菊了！

自古以来，洋甘菊被视为"神花"，那它又有哪些用途呢？

首先，洋甘菊具有很好的修护敏感肌肤的作用，可以减少细红血丝，减少皮肤发红，调整肤色等。同学们，说不定你妈妈的护肤品中就有洋甘菊的成分哟！但并不是所有的洋甘菊都能用于美容，这点你们要牢记！

其次，洋甘菊还是一个心理医生呢！它既可以舒缓焦虑、紧张、愤怒与恐惧的情绪，还可以减轻忧虑，改善我们因为压力过大而睡不着觉的症状。

另外，洋甘菊还是止痛的良药呢！它能有效治疗因为神经紧张而引起的疼痛，像头痛、牙痛及耳痛等。并且对于像轻微胃炎、腹泻、呕吐、胀气、肠炎以及各种胃病也很有疗效。

现在，洋甘菊被制成了各种各样的清香剂。同学们，可以看看你家中清香剂的说明，说不定就含有洋甘菊的成分！

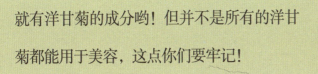

好一朵美丽的茉莉花

"好一朵茉莉花，好一朵茉莉花。满园花开，香也香不过它。我有心采一朵戴，又怕看花的人儿骂……"

听着耳熟能详的民歌《茉莉花》，我们就好像闻到了茉莉花的香味。但你们知道茉莉花名字的由来吗？

传说明末清初，苏州虎丘有一位姓赵的农民，家中有3个孩子，生活极为贫困。赵老汉到广东做工，每隔两三年才能回家一趟。渐渐地，孩子都大了，赵老汉便将家中田地分为3份，3个儿子每人得到1份，他们都以种植茶树为主。

这一年，赵老汉带回了一捆南方人喜欢的花树苗，栽在了大儿子的茶田边上。1年后，花树开出小白花，香气怡人，但这些花没有引起村民们的关注。直到有一天，赵老汉的大儿子惊奇地发现，自己田中的茶树都带有小白花的香气，于是便采了一筐茶叶到城里去卖，含香的茶叶一会儿就卖光了。两个弟弟得知后，就要抢含香气的茶叶。

当时村中有一位教书的老先生知道此事后便劝导他们：兄弟之间要相亲相爱，既然带有花香的茶叶能赚到钱，那为何不在自己的田里也种上种棵香花树呢？他给这种白色香花取了一个美丽的名字——茉莉花。他还教导三兄弟，为人处事，一定要把个人的私利放在最后。这就是茉莉花的传说。

　　茉莉花树高约1米，枝条细长，看起来或许过于柔弱，所以它的小枝上长出了棱角！茉莉花叶子上的叶脉比较明显，叶面微皱，叶柄短并且向上弯曲，表面覆盖一层很短的绒毛！

　　每到初夏，很多人都喜欢在家中养一盆或几盆茉莉花。下面就让我们了解一下茉莉花的种植方法吧。

茉莉花喜欢生活在温暖湿润、通风良好、半阴凉的环境中。如果土壤中含有大量的腐烂物质，就能够让你种植的茉莉花长得更加茁壮哟！茉莉花与同学们一样害怕寒冷，如果气温低于3℃，它的枝叶就会

茉莉花的药用价值

茉莉的花朵、叶子和根都可药用。一般在秋天的时候挖根，将它们切片晒干；夏天和秋天的时候采花，将它们晒干备用。它们具有清热解毒、利湿等作用，茉莉花茶也是人们很喜爱的一种花茶。

冻伤。如果在这样寒冷的环境中时间过长，它还会被冻死哟！

同学们知道吗，茉莉花还是"友谊之花"呢！如果你们去外地游玩，有人把茉莉花环套在你的脖子上，那么一定要说声"谢谢"，因为它是热情与友好的象征！

罗勒，西餐餐桌上的"常客"

有一种植物被称为"香草之王"，因产于印度罗勒地区，人们就叫它罗勒紫苏。印度人将罗勒视为神圣的香草，认为它是神灵赐给人类的恩惠。

罗勒还有很多别名，如被西方人称为九层塔、金不换等，被中国人称为香兰。

罗勒长得十分矮小，高度一般在60~70厘米之间。茎为四棱形，颜色呈绿色或紫色。它的叶子以对生的方式长在茎上，形状为卵形，边缘为锯

齿状。它的花朵像麦穗，颜色多为白色或紫色，果实和种子看上去又小又黑。虽然它们长得不起眼，但是闻起来有丁香般的芳香，还有一点薄荷的味道。

罗勒是个大家族，有很多的兄弟姐妹。目前上市的品种有甜罗勒、圣罗勒、紫罗勒、绿罗勒、密生罗勒、矮生紫罗勒、柠檬罗勒等。不同种类的罗勒，味道也不相同。

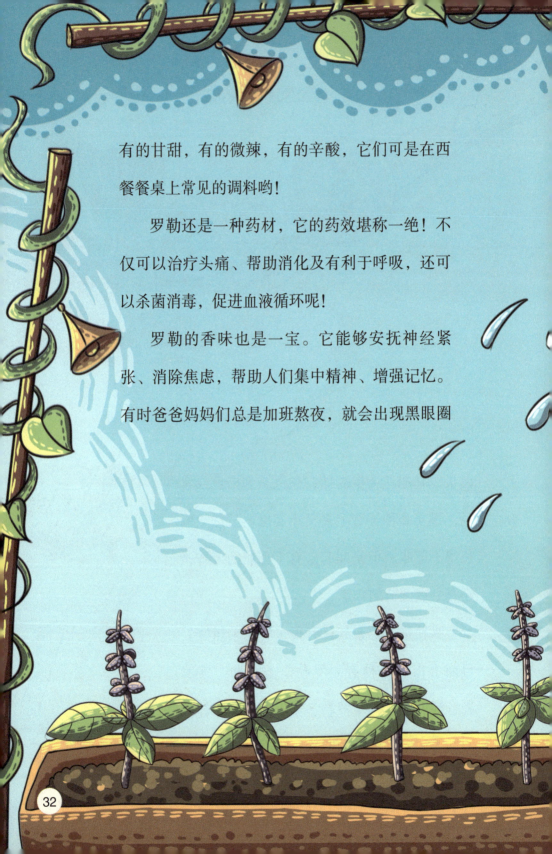

有的甘甜，有的微辣，有的辛酸，它们可是在西餐餐桌上常见的调料哟！

罗勒还是一种药材，它的药效堪称一绝！不仅可以治疗头痛、帮助消化及有利于呼吸，还可以杀菌消毒，促进血液循环呢！

罗勒的香味也是一宝。它能够安抚神经紧张、消除焦虑，帮助人们集中精神、增强记忆。有时爸爸妈妈们总是加班熬夜，就会出现黑眼圈

去除压力的神奇花茶

不同配料的花茶有不同的疗效，有的用来减肥，有的用于去火气，有的用于安眠等。有一种花茶，能有效消除心理压力，配料有：薰衣草、薄荷、马郁兰、柠檬马鞭草和干燥的罗勒。以上原料按照一定的比例混合，注入500毫升的开水泡上3分钟，就能饮用了。

或眼袋。其实只要将罗勒的叶片嚼碎，敷在眼睛周围，反复几次，就能去除眼袋，而且效果还十分明显呢！

又黑又丑的香附，
但它可香得很呢

　　有一种植物长得很不起眼，看上去又黑又丑的，但是它却有着迷人的芳香，它的名字叫作"香附"，又名"索索草"。关于香附的来历，还有一个古老的传说：

中国古时候有一位名叫索索的姑娘，她善良美丽，身上总是散发出一股香味。有一年，索索居住的地区大旱，生活困窘，家里人将她远嫁到黄河边上的一个小村庄里。

但不巧，那一带正在流行瘟疫。有的村民刚开始觉得胸闷腹痛，半个月后就痛苦的死去。索索未婚的丈夫也被感染了。但索索嫁过去后没过多久，丈夫的病却好了。丈夫觉得是索索身上的香气治好了他的病，于是便让索索去给全村人治病，大家在与索索接触之后，都陆续痊愈了。

但有些人品质不好，就有心无意地编造了中伤索索的下流谣言，说索索每次给人治病都要脱光衣服，让大人、小孩子过来闻。这些闲言碎语陆续传到索索

丈夫的耳中，索索丈夫难以忍受，便狠下心把索索害死了。

索索死后，她的坟前长出了一种小草，散发着阵阵的香气，与索索身上的香味一样，不管人们怎么拔去它，它都会再次长出来。后来，她的丈夫终于明白，索索其实是被冤枉的。为了纪念她，大家便把索索坟前的草取名为"索索草"，也就是"香附"。

　　这种神奇的植物到底是什么样子呢？香附的根茎是纺锤形的，表面是棕褐色或黑褐色，其上有不规则的皱纹。每年5月过后，麦穗状的花朵便会悬挂在枝头，迎风起舞；8月花谢之后，长圆状的小坚果便会密密麻麻地结在枝头上，就像倒立着的鹌鹑蛋似的！

　　同学们想知道香附长在什么地方吗？那就跟我一起去找找它们吧！

　　瞧，荒地、路边、水沟边或田间都有香附哟！我们仔细

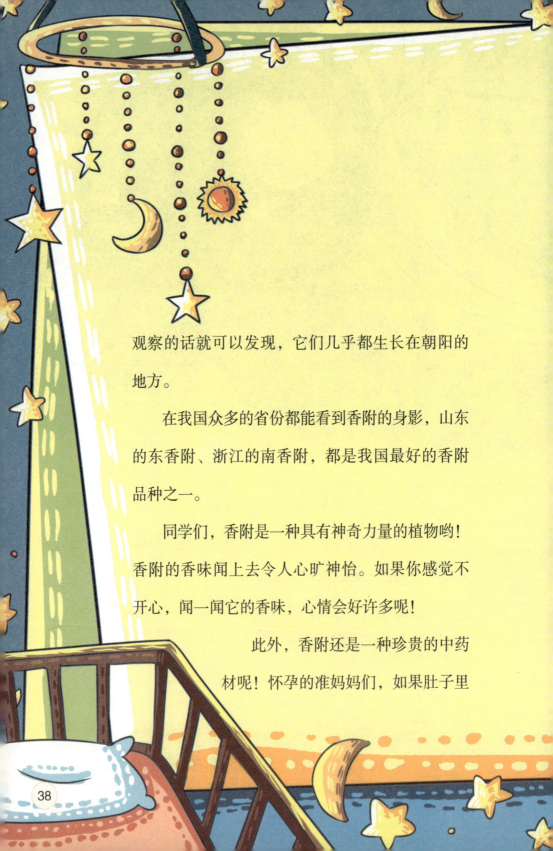

观察的话就可以发现，它们几乎都生长在朝阳的地方。

在我国众多的省份都能看到香附的身影，山东的东香附、浙江的南香附，都是我国最好的香附品种之一。

同学们，香附是一种具有神奇力量的植物哟！香附的香味闻上去令人心旷神怡。如果你感觉不开心，闻一闻它的香味，心情会好许多呢！

此外，香附还是一种珍贵的中药材呢！怀孕的准妈妈们，如果肚子里

的小宝宝不安分的话，就可以吃点香附的果子，防止胎动。如果香附配合其他药物一起使用，对妈妈们的常见病症会有很好的疗效。由于香附具有神奇的功效，许多中医都喜欢用它，就连西医也常用它来治病呢。

虽然香附的好处很多，但若是在农田里发现了香附，农民伯伯就要头疼了。因为香附的生命力太强了，会影响庄稼的正常生长，而且不易被清除干净。农民伯伯们必须得花费许多精力，喷洒农药才能消灭它们。

同学们，香附是不是让人欢喜让人忧呢？

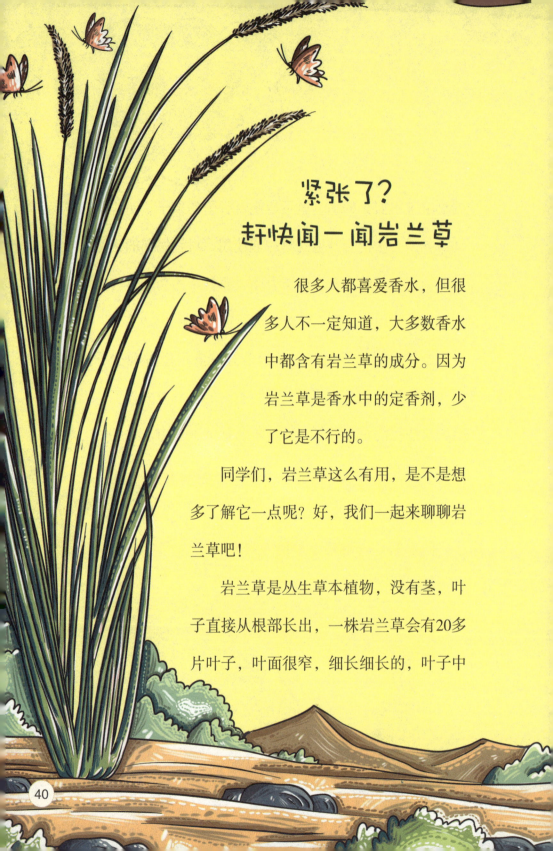

紧张了？
赶快闻一闻岩兰草

很多人都喜爱香水，但很多人不一定知道，大多数香水中都含有岩兰草的成分。因为岩兰草是香水中的定香剂，少了它是不行的。

同学们，岩兰草这么有用，是不是想多了解它一点呢？好，我们一起来聊聊岩兰草吧！

岩兰草是<u>丛生</u>草本植物，没有茎，叶子直接从根部长出，一株岩兰草会有20多片叶子，叶面很窄，细长细长的，叶子中

间长有叶脉，纹络不对称。
微风吹过，长长的叶子像是
小女孩在跳芭蕾舞一样，姿
态十分优美。

　　岩兰草开白色小花，一
簇簇聚集在枝头，看上去很
像梨花。

　　岩兰草的香味没有想
象中的那么浓烈，而且不
同品种的岩兰草，其香味
也不同。有的是泥土的气
味，有的是沉
重的烟味，还
有的是温暖的
胡椒味。

我们在什么地方可以看到岩兰草的身影呢?

岩兰草的样子没有特殊之处,即便同学们真的在什么地方看见它,或许还会以为这不过是一株普通的野草呢!由于岩兰草是热带地区的植物,在印度、爪哇、海地等地区的人们都会栽种岩兰草。

岩兰草对人类有很多用处。岩兰草的香气有防虫的作用,叶子又细又长,当地人便用岩兰草编成香袋出售。在印度的加尔各答地区,人们用岩兰草编成遮雨篷和遮阳篷,在炎热的天气里,这些篷子被洒过水后,还会散发出一股幽香。

岩兰草的香味有抗压力和防止精神紧张、稳定神经的作用,这使岩兰草获得"镇静精油"的美誉!此外,它还能强化红细胞,唤醒身体的机能,使得全身血脉畅通,解除肌肉酸痛,譬如

减轻风湿及关节炎患者的疼痛。牙医们就经常使用岩兰草来止痛哟!

同学们肯定都讨厌蚊子和苍蝇，"嗡嗡嗡"地围着人纠缠不休，那有什么办法能够将这些讨厌的东西赶走呢？其实很简单。我们将岩兰草精油涂抹在衣服上或者喷洒在床上，就可以达到驱蚊赶蝇的目的啦！

同学们，知道为什么人们都喜欢岩兰草了吧！

来杯柠檬茶醒醒神

柠檬是一种很好吃的水果，同学们肯定都知道柠檬长什么模样，但你们能确切地知道柠檬长在什么植物上吗？

商业化种植的柠檬果树，不是用柠檬籽种出来的，通常采用的是芽接繁殖。

柠檬又称柠果、洋柠檬等，它的枝头少刺或者近乎无刺。它叶子长又宽，但是叶片不厚，形状如同一枚鸡蛋，顶

端通常为尖状，边缘有明显的裂齿。

柠檬与其他植物一样，都必须经历开花结果的过程。它的花有时为单生，有时为簇生。让人奇怪的是，其花瓣内外的颜色不同，外面为淡紫红色，里面为白色，好似一个害羞的小女孩，白里透红。

我们所说的柠檬其实只是它的果实哟！柠檬通常是椭圆形或者卵形，顶部有尖尖的突出。它的果皮表面粗糙，颜色为柠檬黄，果皮紧紧地黏在果肉上，剥皮非常费力。柠檬味道很酸，但怀孕的妈妈们最为喜爱，所以柠檬又有"益母果"或者"益母子"之称。

柠檬树的原产地是马来西亚，在地中海沿岸、东南亚和美洲等地也大量分布，这些都是冬季较暖、夏季不酷热以及气温较平稳的地区。我国的台湾、福建、广东、广西等地都有栽培。目前，种植柠檬较多的国家是美国、意大利和法国。

同学们，你们家中的香皂或者清香剂是不是柠檬香的呢？它可是清香剂中首选的原材料哟！

柠檬是世界上最有药用价值的水果之一。它富含维生素C、糖类、钙、磷、铁、维生素B1、维生素B2、烟酸、奎宁酸、柠檬酸、苹果酸、橙皮苷、柚皮苷、香豆精、高量钾元素和低量钠元素等对人体十分有益的物质。其中维生素C能促进人体各种组织和细胞的生成，并保持它们正常的生理机能。当维生素C缺少了，细胞组织就会变得脆弱，失去抵抗力，人体就容易出现坏血症。另外，柠檬还有

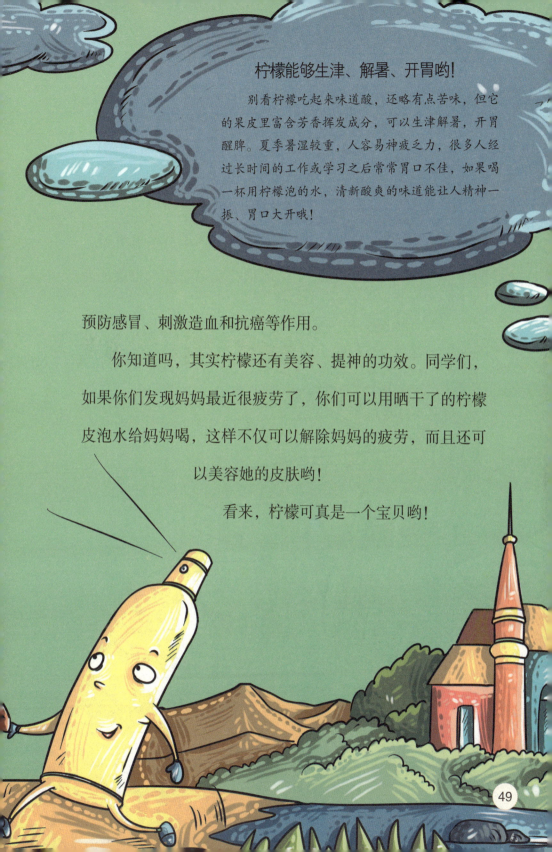

柠檬能够生津、解暑、开胃哟!

别看柠檬吃起来味道酸，还略有点苦味，但它的果皮里富含芳香挥发成分，可以生津解暑，开胃醒脾。夏季暑湿较重，人容易神疲乏力，很多人经过长时间的工作或学习之后常常胃口不佳，如果喝一杯用柠檬泡的水，清新酸爽的味道能让人精神一振、胃口大开哦!

预防感冒、刺激造血和抗癌等作用。

你知道吗，其实柠檬还有美容、提神的功效。同学们，如果你们发现妈妈最近很疲劳了，你们可以用晒干了的柠檬皮泡水给妈妈喝，这样不仅可以解除妈妈的疲劳，而且还可以美容她的皮肤哟!

看来，柠檬可真是一个宝贝哟!

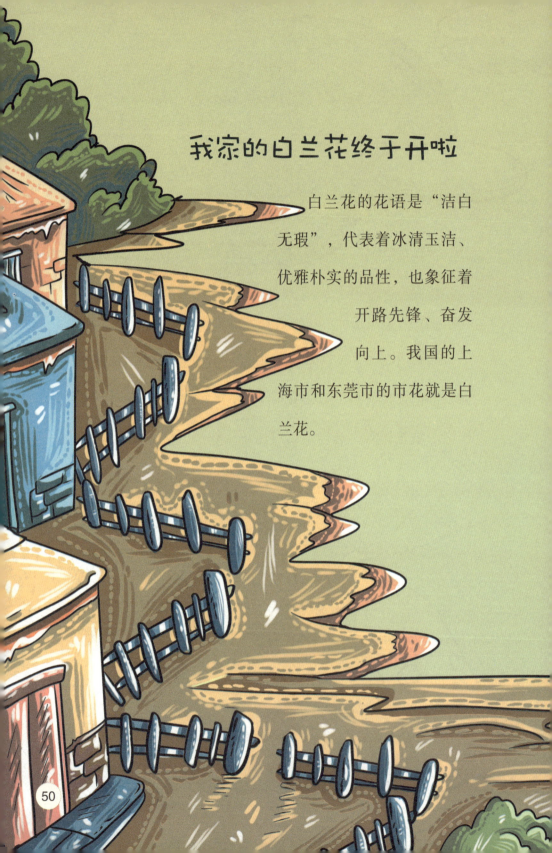

我家的白兰花终于开啦

白兰花的花语是"洁白无瑕"，代表着冰清玉洁、优雅朴实的品性，也象征着开路先锋、奋发向上。我国的上海市和东莞市的市花就是白兰花。

同学们，在了解白兰花之前，有一个故事要讲给大家听听哦！

据说，古时候，张家界的深山里住着三个姐妹，她们的名字都是以花朵命名，老大名叫"红玉兰"，老二叫"白玉兰"，老三叫"黄玉兰"。有一天，三姐妹下山去游玩，回来后发现整个村子内了无生机。三姐妹十分诧异，询问村民后才得知，原来，由于秦始皇赶山填海，杀死了龙王公主，龙王为此极为震怒，便想对人间进行报复，张家界就是报复的第一地点。

龙王封锁了盐库，失去盐的张家界瘟疫肆虐，一天时间

死去很多人。在大家对生活失望的时候，三姐妹却十分勇敢。她们觉得如果再这样发展下去，村子里的人必定会全死掉。于是，她们决定帮助村民向龙王讨盐！但这一请求遭到了龙王的拒绝。于是三姐妹便用自己酿制的花香迷倒了蟹将军，打开了盐库，村子里的人获救了，可惜三姐妹却被龙王变成了花树。人们为了纪念三姐妹，就将花树称作"白兰花"。

那三姐妹变成的白兰花究竟长什么样呢？它们是否与三姐妹一样美丽呢？

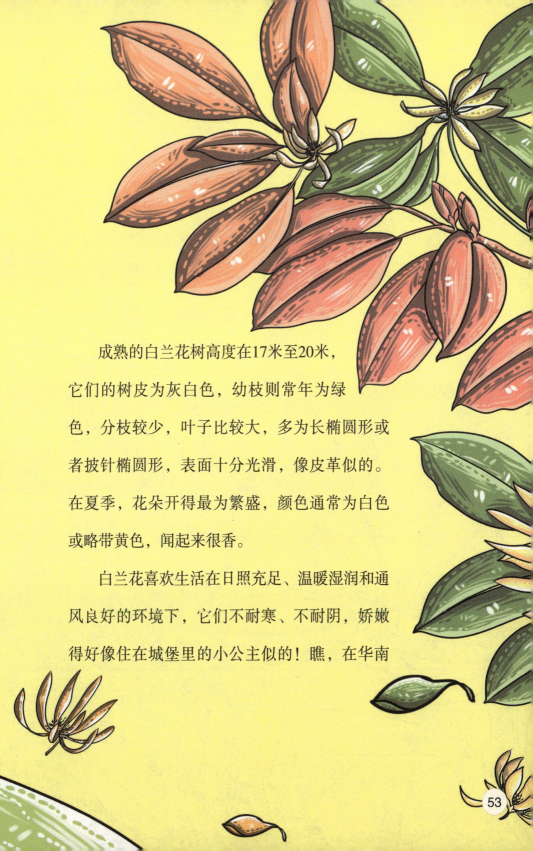

　　成熟的白兰花树高度在17米至20米，它们的树皮为灰白色，幼枝则常年为绿色，分枝较少，叶子比较大，多为长椭圆形或者披针椭圆形，表面十分光滑，像皮革似的。在夏季，花朵开得最为繁盛，颜色通常为白色或略带黄色，闻起来很香。

　　白兰花喜欢生活在日照充足、温暖湿润和通风良好的环境下，它们不耐寒、不耐阴，娇嫩得好像住在城堡里的小公主似的！瞧，在华南地区的树林里，那一棵棵树姿优美、青葱碧绿的树木就是白兰花！

　　小小的白兰花不仅让人赏心悦目、怡情养性，而且它浑身上下都是宝呢！

　　白兰花内含有的芳香性挥发油、抗氧化剂和杀菌素等物质，能够美化环境、净化空气、香化居室，而且白兰花还能够用于美容、沐浴、饮食和医用。白兰花的花朵也可以直接入药，据说对于治疗慢性支气管炎、虚劳久咳等病症效果极佳呢！

"面冷心热"的金合欢

金合欢是澳大利亚最具代表性的植物，也是澳大利亚的国花，家家户户都栽种。是什么原因让澳大利亚人对金合欢情有独钟呢？

金合欢有很多有趣、古怪的名字，比如夜合花、消息花等，它们喜欢一丛丛生长在一块儿，好像在赶集似的。

金合欢的枝条上带有刺，这些刺长达1～2厘米，比玫瑰花的花刺还要长！

金合欢不仅叶子极小，就连花朵也小得可怜！它的花朵颜色多为黄色，也有白色，但数量很少。花朵一簇簇地长在枝头，在绿叶的衬托下十分耀眼。

金合欢对人类有何用途呢？

首先是具有观赏价值。金合欢开花时，会散发幽香，令人心旷神怡，可用于美化公园和民居庭院哟！

其次是它的药用价值。古人常用它来医治伤口，若是被毒蛇咬伤也可用它来解毒。它还能够直接杀灭细菌，起到止痛、抗

菌、消炎、抗病毒的作用呢！

关于金合欢，还有一个比较有趣的现象要告诉同学们。

你知道金合欢的好朋友是谁吗？在肯尼亚的热带草原上，有一种闻名的生物组合，叫作"蚂蚁与金合欢"。同学们一定很好奇，蚂蚁和金合欢能有什么关系呢？

原来，金合欢的树枝上长满了刺，但这些刺都是空心的，正好给蚂蚁提供了寄居的场所。蚂蚁在空心刺中安心地住着，还可以尽情地享用树叶分泌出来的甜汁。因此蚂蚁不允许其他动物碰触金合欢，若是有外来者，不论个头是大是小，它们都会团结一致地发动攻击。比如，有一只天牛在金合欢的树上钻孔，蚂蚁们

就会去吞食那些天牛的幼虫，将它们一网打尽。就算是大象或长颈鹿来啃食树叶，小蚂蚁也会猛咬它们，令这些动物们灼痛难耐，慌忙逃窜。

看来，蚂蚁和金合欢之间存在一种"互利共生"的关系。金合欢为蚂蚁提供安身之所，而当金合欢受到侵害时，蚂蚁便出来抗击，保护金合欢。同学们，现在明白了吧，金合欢的好朋友竟然是蚂蚁哟！

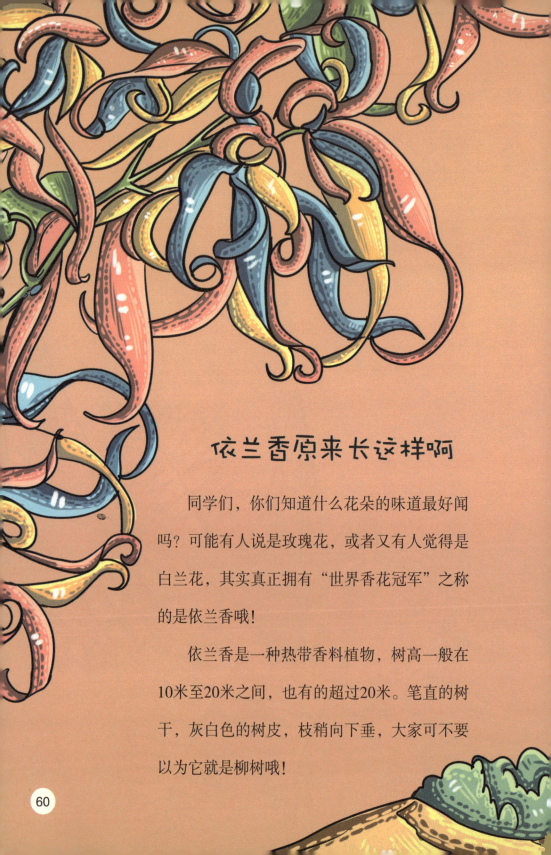

依兰香原来长这样啊

同学们，你们知道什么花朵的味道最好闻吗？可能有人说是玫瑰花，或者又有人觉得是白兰花，其实真正拥有"世界香花冠军"之称的是依兰香哦！

依兰香是一种热带香料植物，树高一般在10米至20米之间，也有的超过20米。笔直的树干，灰白色的树皮，枝稍向下垂，大家可不要以为它就是柳树哦！

和绝大多数热带阔叶树的叶子一样，依兰香的叶子也为长卵圆形，顶端比较尖，之后才逐渐变圆。叶子的边缘呈微波状。

每年5月，依兰香的花朵便会绽放，让人诧异的是，花朵的形状居然像鹰爪。从树下抬头往上看，仿佛是许多老鹰在树上栖息着呢！仔细闻闻，它的花朵极香，是名副其实的"香水树"！因此依兰香的花朵便成为制作高级香水的材料。

人们有时会把这种新鲜花瓣拿来蒸，蒸出的油具有独特浓郁的芳香气味，被称为"依兰油"。目前，市场上以依兰香为原料加工而成的化妆品、洗涤品层出不穷，深得人们喜爱。

每年11月，依兰香紫黑色的果实便会出来和大家打招呼了，它们不仅看上去很漂亮，而

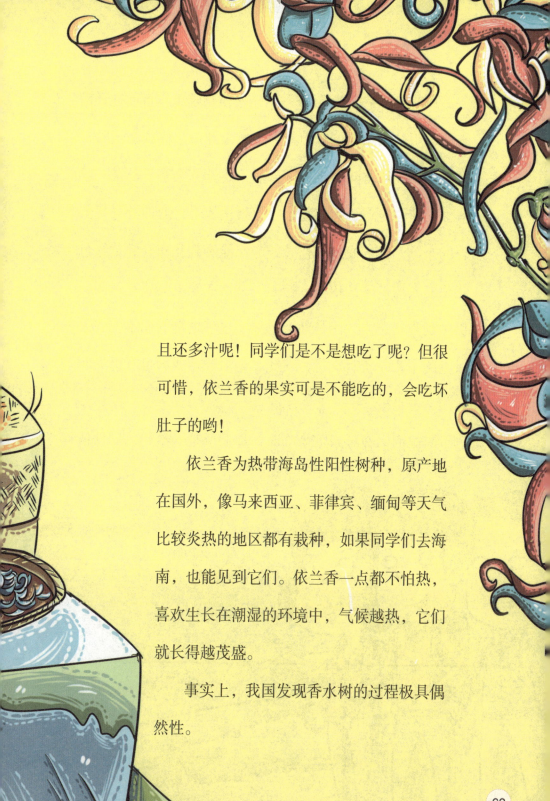

且还多汁呢！同学们是不是想吃了呢？但很可惜，依兰香的果实可是不能吃的，会吃坏肚子的哟！

依兰香为热带海岛性阳性树种，原产地在国外，像马来西亚、菲律宾、缅甸等天气比较炎热的地区都有栽种，如果同学们去海南，也能见到它们。依兰香一点都不怕热，喜欢生长在潮湿的环境中，气候越热，它们就长得越茂盛。

事实上，我国发现香水树的过程极具偶然性。

20世纪60年代某年的5月，一些植物学工作者前往云南省西双版纳勐腊县调查植物。他们走到一个傣族寨子时，突然闻到一股香味，走进寨子后，感觉整个寨子都被一股浓郁的芳香笼罩了。植物学家觉得很惊奇，便四处寻找芳香的来源。他们发现每幢竹楼旁都能看到几株开满黄绿色花朵的大树。来到树下，捡起一朵落在地上的残花一闻，仍然是香气袭人。于是他们采集了这种植物的标本，回去后查阅了大量资料，进行对比，最后确定我国也有世界闻名的"香水树"——依兰香。

　　同学们，在母亲节来临时，你们要是送给妈妈一株依

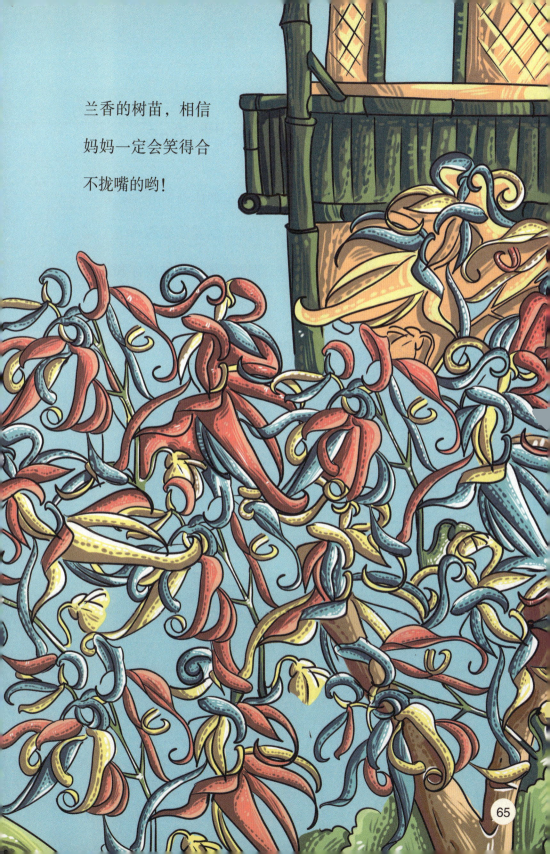

兰香的树苗，相信
妈妈一定会笑得合
不拢嘴的哟！

你知道玫瑰花的花语吗

"我是你的花，你的玫瑰花，花儿香在春秋和冬夏，我愿陪着你海角和天涯，幸福的人一定等到爱的玫瑰……"同学们听这首歌的时候，是否会想起玫瑰花美丽的模样和迷人的香味呢？

玫瑰花树高达2米，它们的茎很粗，通常都是一丛丛地长在一块儿。它的小枝上覆盖了极细的绒毛，还长有针一样的针刺，如果不小心碰到它，会感到刺痛。它就像是一只刺猬，所以也被称为"刺玫花"。大家在摘玫瑰花的时候，千万记着要使用剪刀哟！

玫瑰花的叶子形状为椭圆形或倒卵形，叶子的顶端为尖状，边缘有尖锐的锯齿。它的花苞比鸡蛋要小许多，边缘长有腺毛，表皮被绒毛覆盖。每年的五六月份是玫瑰花最茂盛的时期，紫色、红色、白色、黄色、蓝色的

玫瑰花争先恐后地绽放，不但好看，闻起来也极具芳香。

玫瑰花是集爱与美于一身的植物，它既是美神的化身，又溶进了爱神的血液。所以，人们常用玫瑰花来表达爱情。

在希腊神话中，白玫瑰是女神阿佛洛狄忒（罗马神话中的维纳斯）用海水里雪白的泡沫变出来的。而红玫瑰的由来，也有一个缠绵悱恻的传说。据说，阿佛洛狄忒的恋人，也就是主宰自然界的神阿多尼斯，他在打猎时，不幸

被野猪所伤而死。女神闻讯后失魂落魄地朝着阿多尼斯遇难处奔去。途中，她的双脚被玫瑰花刺伤，鲜血滴在了花上，原本白色的玫瑰变成了红色。

　　不同颜色的玫瑰花，它们的花语也都不相同。很多男孩追求女孩时，都会送红色的玫瑰花，因为红玫瑰的花语是 "我爱你"；蓝玫瑰的花语是"奇迹与不可能实现的事"；白玫瑰的花语是 "纯洁""尊敬""谦卑"，它一般用于关系友好的人或

玫瑰花的花语与数字的关系吗?

1朵玫瑰代表"你是我的唯一"；2朵玫瑰代表"世界上只有你和我"；3朵玫瑰代表"我爱你"；11朵玫瑰代表"一心一意"；99朵玫瑰代表"天长地久"；108朵玫瑰代表"求婚"；365朵玫瑰代表"天天爱你"；1001朵玫瑰代表"直到永远"。

者长辈与晚辈之间。不要以为所有的玫瑰花都是吉祥的象征，如黄玫瑰的花语是"嫉妒"，甚至是"嫉恨"。

天竺葵可真娇气

同学们，如果你们很想念自己的小伙伴，可以送一束红色的天竺葵给他，因为天竺葵的花语是"我很想念你"。当然，收到红色天竺葵的同学们可以回赠对方一束粉红色的天竺葵，表达"很高兴能陪在你身边"的意思哟！

天竺葵，别名"洋绣球"。同学们一定很疑惑，有这样的别称是因为它长得像绣球吗？

成年的天竺葵高度在30～60厘米之间，它的茎被细毛和腺毛覆盖，叶子多为互生，通常边缘有马蹄纹，看上去像是被马踩了一脚。花朵长在植株的顶端，有"直垂"和"悬垂"两种，它的颜色多种多样，常见有红色、桃红色、橙红色、玫瑰色、白色等。让人感到奇怪的是一朵花上经常会出现多种颜色。因为

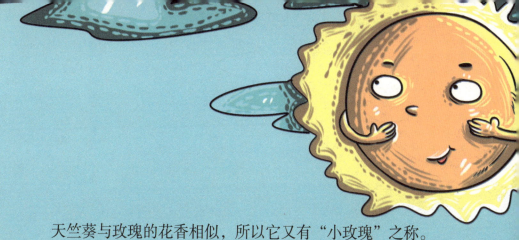

天竺葵与玫瑰的花香相似，所以它又有"小玫瑰"之称。

同学们，虽然天竺葵很漂亮，但是它们很娇气，一点也不好养。

天竺葵十分畏惧严寒，如果它们能开口说话，一定会嚷着要穿羽绒服！另外，高温和潮湿的环境也不利于它们的成长。

那么，究竟怎样才能养活天竺葵呢？首先是适宜的温度。比如，在3～9月的时候，要把它放在13～19℃的环境中；冬季则可以放在10～12℃的室内。冬季不能给天竺葵浇水过多，水分过多植株就会停止生长，叶子也会渐渐变黄，甚至脱落呢！

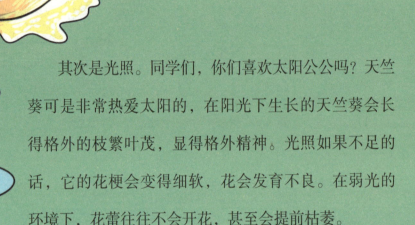

　　其次是光照。同学们，你们喜欢太阳公公吗？天竺葵可是非常热爱太阳的，在阳光下生长的天竺葵会长得格外的枝繁叶茂，显得格外精神。光照如果不足的话，它的花梗会变得细软，花会发育不良。在弱光的环境下，花蕾往往不会开花，甚至会提前枯萎。

　　再次是土壤。天竺葵和别的植物有很大的区别，别的植物都渴望土壤肥沃，但如果给天竺葵过多的养分，它的花反而会开得很少，甚至不开花。

　　最后是生长过程中的打理。在天竺葵的生长过程中，还需要剪枝摘心，如此才能

保证开更多的花。在花谢后，要适时地剪去残花，剪掉过密并且细弱的枝条，以免消耗过多的养分。在这儿要提醒大家一下，冬季可不宜剪枝哟！

桂花的品种真多呀

同学们，你们知道8月份开得最旺盛的花是什么花吗？对，就是桂花。每年中秋时节，仔细闻闻空气，就可以闻到那浓郁的桂花香。

桂花的名字有很多，比如岩桂、木犀等。桂花的品种不同，树的高度也不同，一般在1～15米之间。成熟的桂花树，它的树冠有的为圆头形，有的为半圆形，有的还是椭圆形，就像个奇形怪状的大伞一样。

桂花树的树皮一般为灰褐色或者灰白色，树皮皮糙肉厚，

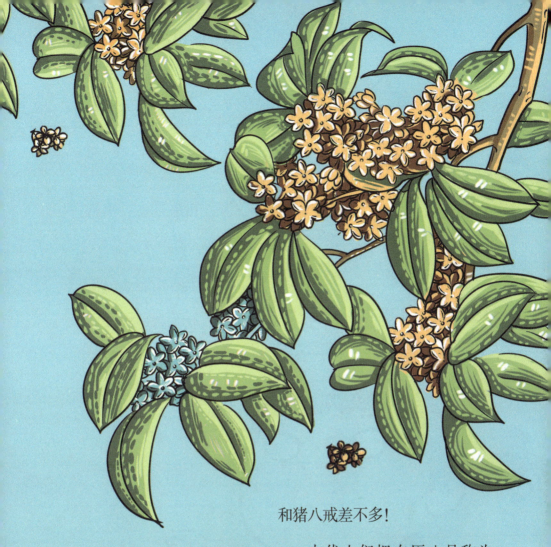

和猪八戒差不多！

　　古代人们把农历八月称为
"桂月"，就是说在这个月份桂
花开得最茂盛，而且也是赏花的
最佳月份。见过桂花的同学们肯
定都知道，桂花的花朵开在那些
细小的嫩枝上，平均3～5朵为一

簇，每朵花有4片花瓣，花朵很小，颜色黄白色，香味极浓。

关于桂花有很多的神话传说，比如嫦娥奔月、吴刚伐桂等。著名女词人李清照称桂花树为"自是花中第一流"。

近代，桂花还一跃登上"十大名花"

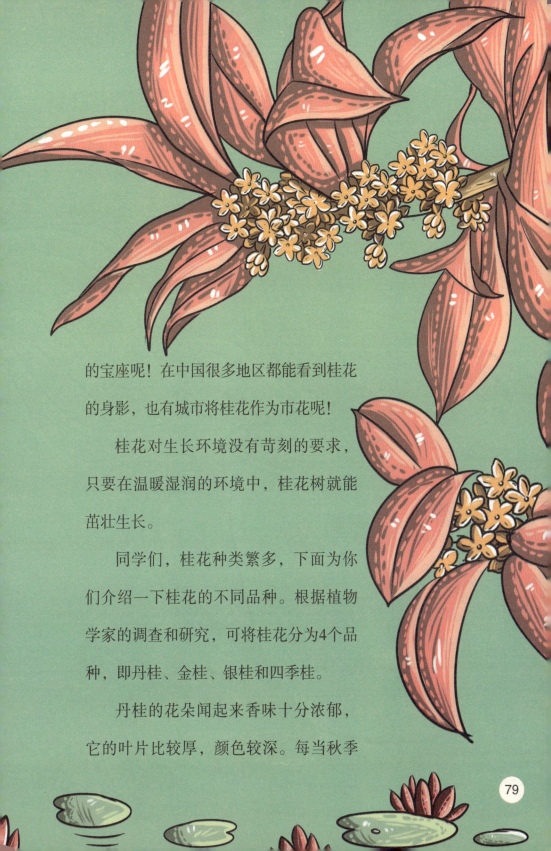

的宝座呢！在中国很多地区都能看到桂花的身影，也有城市将桂花作为市花呢！

桂花对生长环境没有苛刻的要求，只要在温暖湿润的环境中，桂花树就能茁壮生长。

同学们，桂花种类繁多，下面为你们介绍一下桂花的不同品种。根据植物学家的调查和研究，可将桂花分为4个品种，即丹桂、金桂、银桂和四季桂。

丹桂的花朵闻起来香味十分浓郁，它的叶片比较厚，颜色较深。每当秋季来临，它们便会开花。颜色主要以橙黄色、橙红色和朱红色为主。

金桂花朵的颜色为金黄色，它又分为球桂、金球桂，这类桂花的芳香比较浓。

银桂花朵的颜色较白，但是又稍微带着点微黄，叶片比其他桂花要薄一些。

如何治疗桂花虫害？

越是香味浓的花，越会招惹虫。桂花中常见的害虫是螨虫，俗称"红蜘蛛"，一旦发现需要及时处理。处理时要用"螨虫清"药水，将叶片的正反面都均匀地喷洒到，每周1次，连续2～3次，就可消灭虫害了哟！

　　四季桂是桂花品种中最受人们喜爱的品种，原因是它开花的次数较多，每隔二三个月就开一次花，花朵颜色为白色或淡黄色，不过香气较淡。

　　桂花不仅香味怡人，而且还是养生的好东西呢！冬季到了，冷风一吹，很多人常常会感到胃部不舒服，甚至出现冷痛的感觉，这个时候喝点桂花茶，就能够很好地缓解症状。另外，桂花还有解除口干舌燥、润肠通便、减轻肠胃胀气不适的作用。

神奇的山苍子枕头

桃花源位于我国湖南西北地区，是我国著名的旅游胜地，吸引了无数中外游客。

桃花源不仅风景秀丽，还有著名特产——擂茶，凡是品尝过"擂茶"的人，都赞不绝口。

古人曾称"擂茶"为"三生汤"，是用大米、生姜、茶叶、芝麻等材料制作而成。三

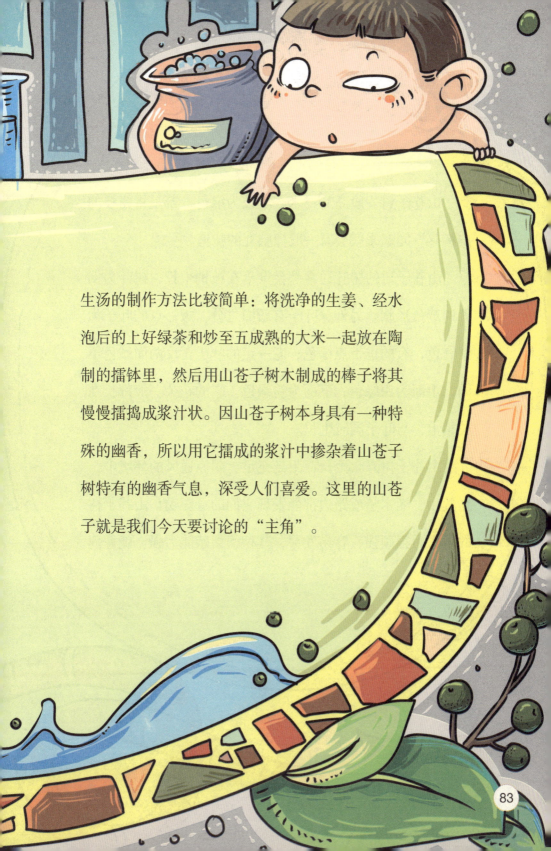

生汤的制作方法比较简单：将洗净的生姜、经水泡后的上好绿茶和炒至五成熟的大米一起放在陶制的擂钵里，然后用山苍子树木制成的棒子将其慢慢擂捣成浆汁状。因山苍子树本身具有一种特殊的幽香，所以用它擂成的浆汁中掺杂着山苍子树特有的幽香气息，深受人们喜爱。这里的山苍子就是我们今天要讨论的"主角"。

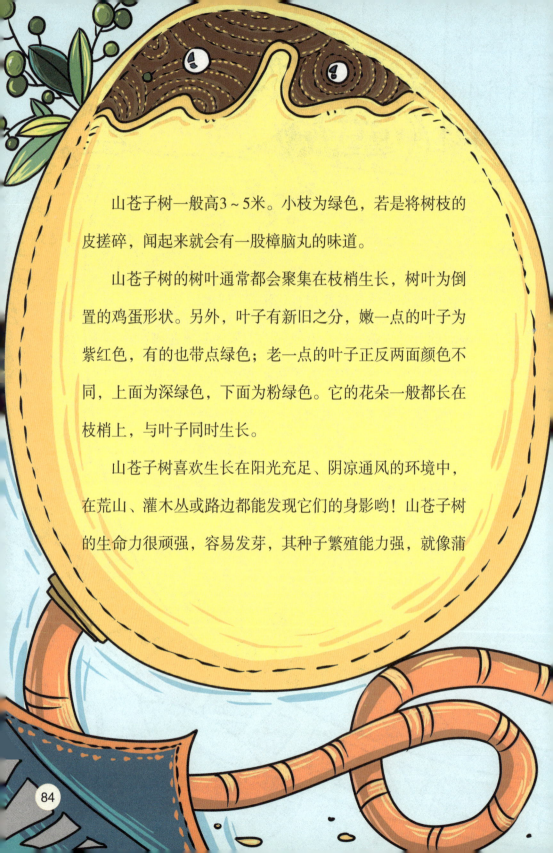

　　山苍子树一般高3～5米。小枝为绿色，若是将树枝的皮搓碎，闻起来就会有一股樟脑丸的味道。

　　山苍子树的树叶通常都会聚集在枝梢生长，树叶为倒置的鸡蛋形状。另外，叶子有新旧之分，嫩一点的叶子为紫红色，有的也带点绿色；老一点的叶子正反两面颜色不同，上面为深绿色，下面为粉绿色。它的花朵一般都长在枝梢上，与叶子同时生长。

　　山苍子树喜欢生长在阳光充足、阴凉通风的环境中，在荒山、灌木丛或路边都能发现它们的身影哟！山苍子树的生命力很顽强，容易发芽，其种子繁殖能力强，就像蒲

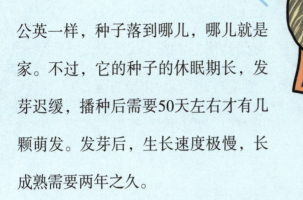

公英一样，种子落到哪儿，哪儿就是家。不过，它的种子的休眠期长，发芽迟缓，播种后需要50天左右才有几颗萌发。发芽后，生长速度极慢，长成熟需要两年之久。

同学们，你仔细看看你使用的枕头里，是否有山苍子的果实呢？因为很多人会把山苍子果实放在枕头内，你们知道这是为什么吗？

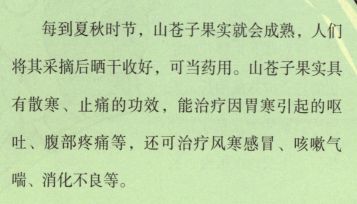

　　每到夏秋时节，山苍子果实就会成熟，人们将其采摘后晒干收好，可当药用。山苍子果实具有散寒、止痛的功效，能治疗因胃寒引起的呕吐、腹部疼痛等，还可治疗风寒感冒、咳嗽气喘、消化不良等。

　　此外，山苍子还具有抗过敏、抗血栓、抗菌、抗病毒等作用。

　　同学们，现在知道人们把山苍子放在枕头内的原因了吧。

你知道栀子花的花语吗

　　许多同学肯定都见过栀子花，它四季常青，枝繁叶茂，花朵素雅芳香，而且其花、果、叶和根都可入药，有清热泻火、凉血解毒之功效，被很多人所喜爱，并赋予其花语"永恒的爱，一生守候和喜悦"。

　　栀子花树长得不是很高大，一般在1～2米。它的主干为灰色，小枝为绿色，好似穿了一件花衣服似的。其叶片为倒立的卵状，叶子上有短柄，长5～14厘

米。如果用手摸摸它们的叶子，你们就会发现叶面十分光滑，而且看起来闪亮闪亮的！

栀子花长在小枝的顶端，它们有粗壮的短梗，花朵一般有6片花瓣，花朵大而且芳香，在最外层的白色花瓣上偶尔还能看见绿色的条纹。

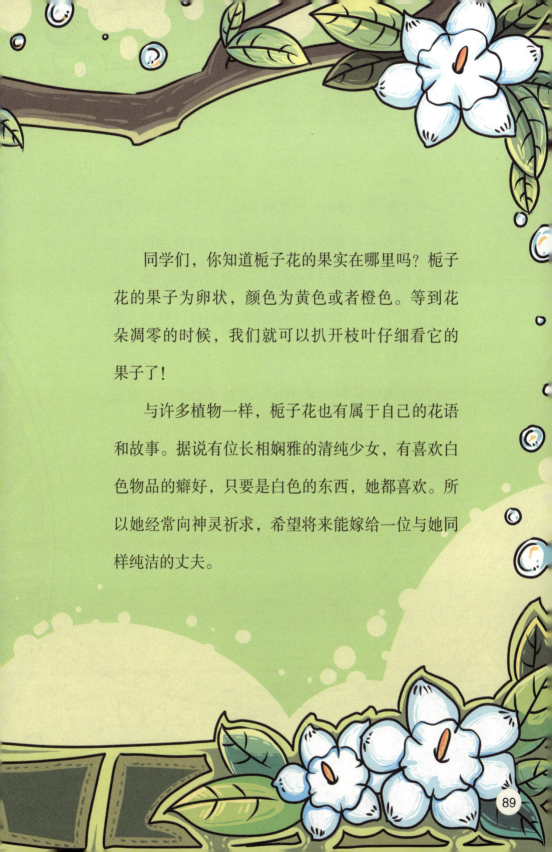

同学们，你知道栀子花的果实在哪里吗？栀子花的果子为卵状，颜色为黄色或者橙色。等到花朵凋零的时候，我们就可以扒开枝叶仔细看它的果子了！

与许多植物一样，栀子花也有属于自己的花语和故事。据说有位长相娴雅的清纯少女，有喜欢白色物品的癖好，只要是白色的东西，她都喜欢。所以她经常向神灵祈求，希望将来能嫁给一位与她同样纯洁的丈夫。

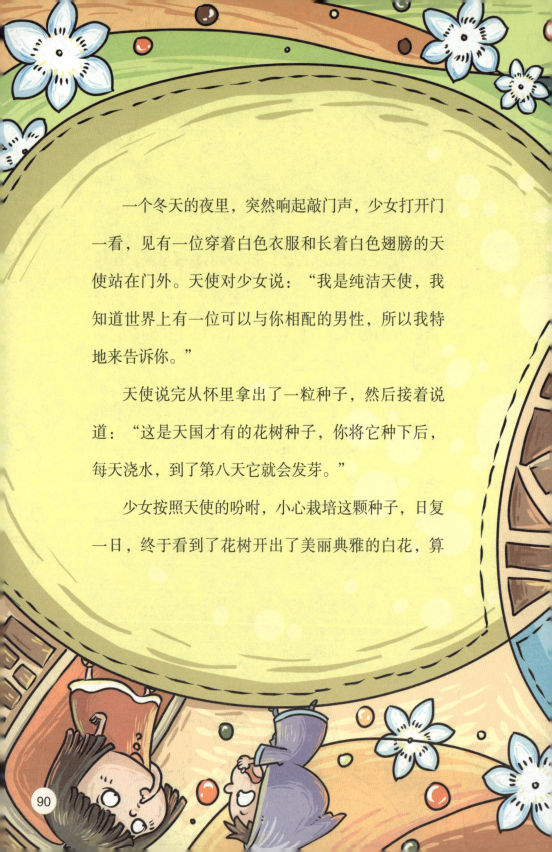

一个冬天的夜里，突然响起敲门声，少女打开门一看，见有一位穿着白色衣服和长着白色翅膀的天使站在门外。天使对少女说："我是纯洁天使，我知道世界上有一位可以与你相配的男性，所以我特地来告诉你。"

天使说完从怀里拿出了一粒种子，然后接着说道："这是天国才有的花树种子，你将它种下后，每天浇水，到了第八天它就会发芽。"

少女按照天使的吩咐，小心栽培这颗种子，日复一日，终于看到了花树开出了美丽典雅的白花，算

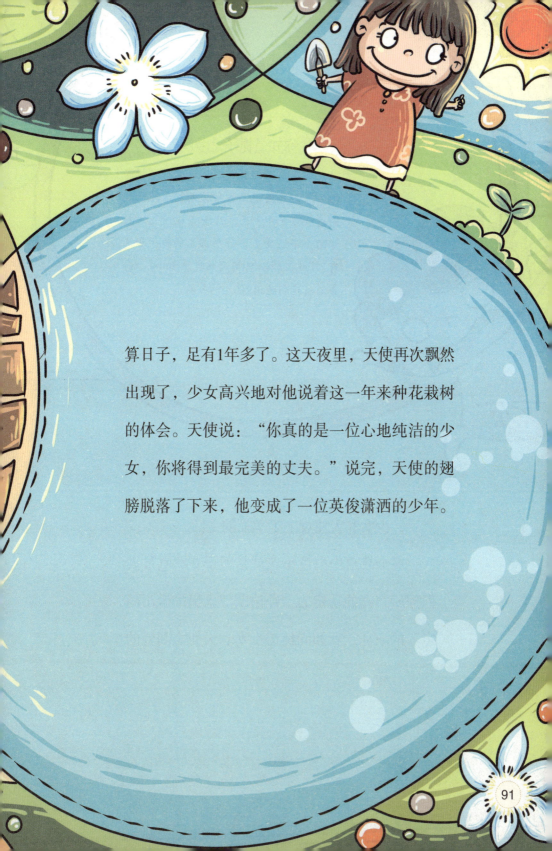

算日子，足有1年多了。这天夜里，天使再次飘然出现了，少女高兴地对他说着这一年来种花栽树的体会。天使说："你真的是一位心地纯洁的少女，你将得到最完美的丈夫。"说完，天使的翅膀脱落了下来，他变成了一位英俊潇洒的少年。

你知道栀子之乡吗?

河南省唐河县是我国著名的"栀子之乡"。其围绕山区种植的栀子花面积高达86.7平方千米,比全国栀子花种植量的一半还要多,每年加工的栀子干果有2万吨,提取食用天然色素300吨,每年给当地创造出2亿元的收入。

最后,少女和天使过上了幸福的生活。

这个故事中白色小花就是栀子花,它被人们理所当然的认定为"纯洁""永恒的爱与约定"的象征,就如同纯洁少女和天使之间爱的约定一样。

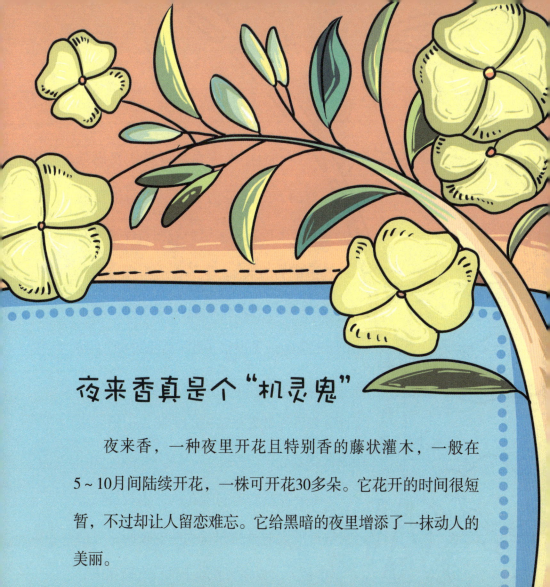

夜来香真是个"机灵鬼"

夜来香，一种夜里开花且特别香的藤状灌木，一般在5～10月间陆续开花，一株可开花30多朵。它花开的时间很短暂，不过却让人留恋难忘。它给黑暗的夜里增添了一抹动人的美丽。

很多植物都是依靠昆虫传花粉繁殖的。有些植物白天开花飘香，是为了让白天活动的昆虫来传花粉。

而夜来香在黑夜里散发出强烈的香气，是为了吸引夜间出现的飞蛾前来传花粉。这一习性是夜来香对环境适应的结果。

夜来香的老家在亚洲热带地区，那里白天气温高，飞虫很少出来活动，到了傍晚和夜间，气温降低，许多飞虫出来觅食，这时夜来香便散发出浓烈的香味，引诱飞虫前来传播花粉。

夜来香花瓣上的气孔构造也较特殊。空气湿度大时就会张得大些，夜间空气的湿度较大，夜来香花瓣上的气孔就张大，放出的香气也就特别浓；不仅在夜间，在阴雨天时，夜来香的香气也比晴天浓，这是因为阴雨天湿度大。

　　关于夜来香的来历，还有一个令人伤感的故事：

　　相传，夜来香是天宫中的宫女。按照天宫的法律，宫女是不许谈情说爱的。但这位宫女触犯了天条，被王母娘娘贬到凡间，变成了一株花，种在一座废弃寺庙的院子里。日复一日，年复一年，没人来看望她、陪伴她，她一直孤零零地生活着。

　　终于有一天，一只萤火虫飞来看望她，安慰她。她感受到从未体验过的快乐。几天之后，他们相爱了。正在宫女准备托付终身时，却发现萤火虫不见了。原来这只萤火虫是王母娘娘派来考验宫女的，如果宫女不为萤火虫所动，便能重返天宫。但宫女没能经受住考验，她只能留在人间，在夜晚开花，盼望着萤火虫再次出现。

夜来香成熟后能够长到4~10厘米高，它有着柔弱细小的枝条，枝条上长有柔毛，如果将枝条碾碎，会有白色的乳汁流出，大家可不要把它当成牛奶哟！

夜来香的花色为绿色，带着清香味，沁人心脾。因为夜来香选择了在黑夜开放，所以很少有人能看到它开花时的景象。如果同学们能够在夜里

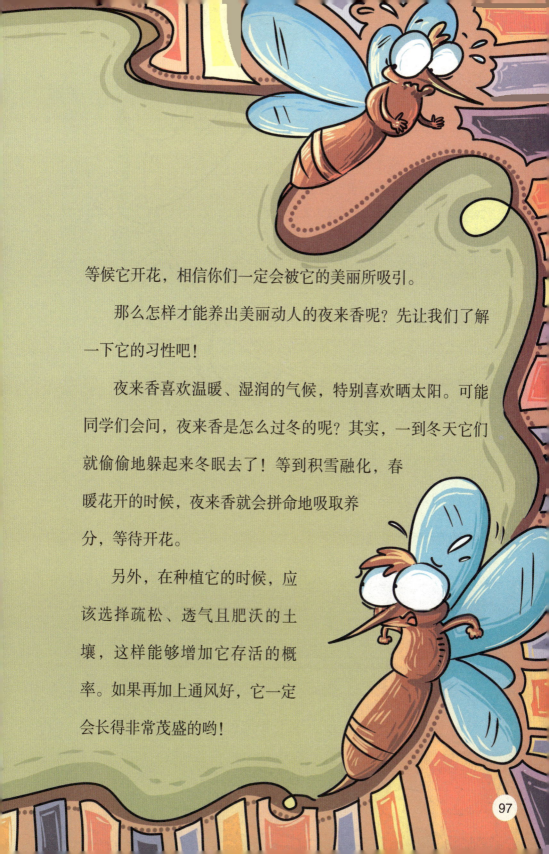

等候它开花，相信你们一定会被它的美丽所吸引。

那么怎样才能养出美丽动人的夜来香呢？先让我们了解一下它的习性吧！

夜来香喜欢温暖、湿润的气候，特别喜欢晒太阳。可能同学们会问，夜来香是怎么过冬的呢？其实，一到冬天它们就偷偷地躲起来冬眠去了！等到积雪融化，春暖花开的时候，夜来香就会拼命地吸取养分，等待开花。

另外，在种植它的时候，应该选择疏松、透气且肥沃的土壤，这样能够增加它存活的概率。如果再加上通风好，它一定会长得非常茂盛的哟！

夜来香的花语

因为夜来香晚上散发出的浓浓香味，对人身体健康有害，所以夜来香是不能放在室内的。因为它让人们喜欢的同时，也给人们带来了危险，所以它的花语是"危险的快乐"。

你知道吗，夜来香还是蚊虫的天敌！夏天的时候，如果害怕蚊子的叮咬，可以用夜来香制成香囊佩戴在身上，这样蚊子们就会离得远远的了。

夜来香非常好看，但对人体健康有害。原因是它夜间放出的香气太浓了，会影响人的呼吸，不利于人的睡眠。在夜间不要在夜来香花丛中长时间地逗留，也不要把夜来香花朵长时间地佩戴在身上。

水仙花是"洋葱头"泡水长出来的

水仙是我国十大名花之一，唐代就有栽培品种，每当春节时，许多家庭养的水仙就开花了，黄蕊白花，非常漂亮，给庆贺春节的人们带来了快乐。

有些同学见过家里养的水仙花，就会说："水仙花是将洋葱头浸泡在水中长出来的。"

的确，家庭种养水仙花，是用水仙的球形鳞茎进行繁殖的。这种球形鳞茎长得像洋葱头或大蒜头，外表有一层黄褐色的薄表皮，大球茎的直径可达12厘米。每年秋天，花店便会出售水仙球形鳞茎，这都是花农培育的。

喜欢养水仙花的人在春节前一两个月，就把水仙花球形鳞茎买回家，放在浅水盆中，用小石子固定，然后加入清水，以能浸泡球形鳞茎1/3为宜，放置在阳光充足的地方，每天换一次清水。几天之后，就会慢慢地长出白色的根须和像青蒜的绿叶。此后每隔两三天换一次水，花苞形成后每周换一次水，一般45天左右就会开花。只要护养得当，水仙花可以开放20天左右。

一般一个大的球形鳞茎可开4～7朵水仙花，小的球

形鳞茎只能开1～3朵水仙花。

中国水仙有两种。一种是单瓣水仙花，福建漳州特产，花冠青白色，花萼黄色，花被6瓣，中间有金色或白色的副冠，形如盏状，花味清香。

另一种是重瓣水仙花，白色，花被12瓣，卷成一簇，花冠下端轻黄而上端淡白，没有明显的副冠，花形不如单瓣美，香气亦较差，是水仙的变种。

外国也喜欢种养水仙，有一个黄色的品种叫喇叭水仙，在欧洲栽培历史悠久。19世纪30年代以来，荷兰、比利时、英国等国对黄水仙的育种和品种改良做了大量工作，目前栽培品种已达到26000个，并且每年还有新品种诞生。

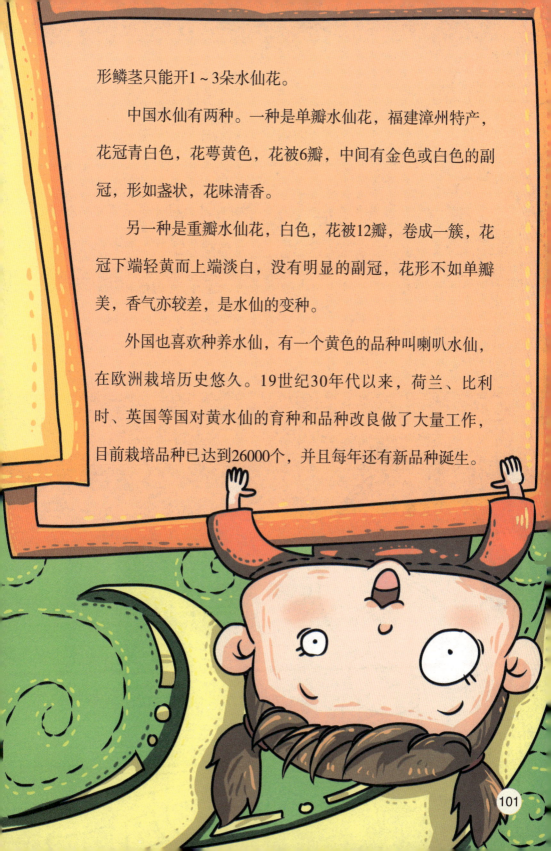

对于美丽的花，都会有多种美丽的传说故事，水仙花也不例外，也有几种传说。现在这里我们来讲一个：

相传在很久以前，有一位凌波仙女在银河边磨宝镜，透过云雾看见龙海南乡地区闹旱灾，农民生活困苦。她决心帮助这里的人们，便抛出手中的宝镜，宝镜落在地上，碎裂成9块，然后又变成9个湖。从此，南乡山清水秀，花果茂盛，成为人间仙境。

这日凌波仙女到南乡游览，与九湖岸边一位叫龙哥的石匠相遇。龙哥为人老实勤劳、心地善良，凌波仙女对他一见钟情，两人便喜结姻缘，从此过上幸福的人间生活。

但好景不长，一条妖龙来到这里，喷出毒火，烧毁了村庄田园。为了保卫家园，凌波仙女夫妇奋力反抗，龙哥更是吞下宝珠化作青龙与妖龙作战，把妖龙打败了。

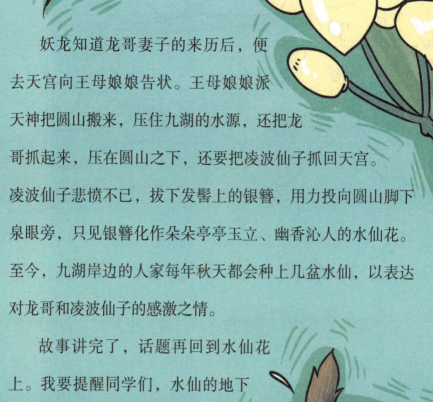

妖龙知道龙哥妻子的来历后，便去天宫向王母娘娘告状。王母娘娘派天神把圆山搬来，压住九湖的水源，还把龙哥抓起来，压在圆山之下，还要把凌波仙子抓回天宫。凌波仙子悲愤不已，拔下发髻上的银簪，用力投向圆山脚下泉眼旁，只见银簪化作朵朵亭亭玉立、幽香沁人的水仙花。至今，九湖岸边的人家每年秋天都会种上几盆水仙，以表达对龙哥和凌波仙子的感激之情。

故事讲完了，话题再回到水仙花上。我要提醒同学们，水仙的地下球茎虽然长得像洋葱头、大蒜头，但它不能像洋葱头、大蒜头那样做菜吃哟！水仙的地下球茎有毒，误食后会出现呕吐、腹痛、腹胀、出冷汗、呼吸不规律、发热、昏睡、虚脱等现象。

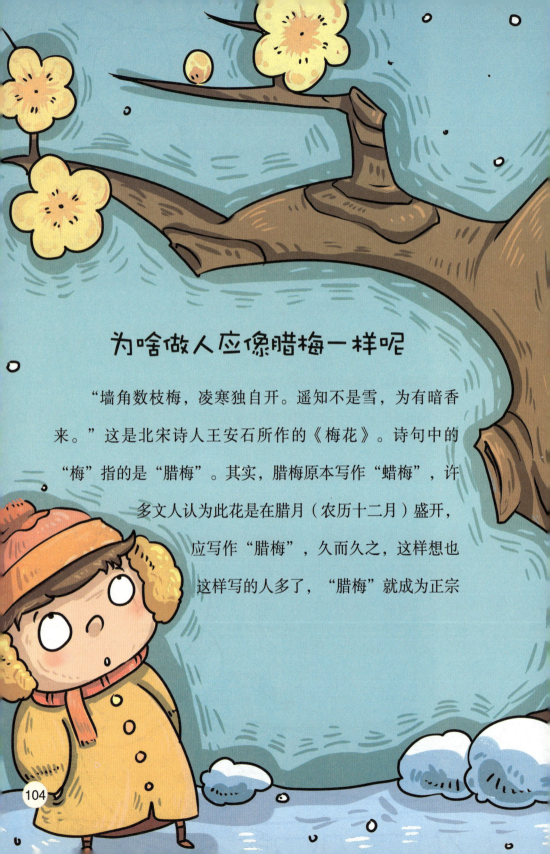

为啥做人应像腊梅一样呢

"墙角数枝梅,凌寒独自开。遥知不是雪,为有暗香来。"这是北宋诗人王安石所作的《梅花》。诗句中的"梅"指的是"腊梅"。其实,腊梅原本写作"蜡梅",许多文人认为此花是在腊月(农历十二月)盛开,应写作"腊梅",久而久之,这样想也这样写的人多了,"腊梅"就成为正宗

的写法。

自古以来，腊梅就是人们歌颂的对象，老师教导我们，做人也要像腊梅一样，这是为什么呢？

回答这个问题以前，我们来看看腊梅长什么模样呢。

腊梅树的个头可不矮哦，一般有两层楼房高呢！在寒冷的冬天，大多数植物都在过冬，有的连叶子都脱光了，更不要说是开花了。然而腊梅却不怕冷，而且在枝条上挺起无数的花苞，要尽情绽放。腊梅花的个头不大，像用黄蜡制成的小花，散发出浓郁的芳香。据医书记载，腊梅花经加工后，可以解毒生津，是名贵的药材哟！

腊梅树上果子在夏季成熟。果子呈卵形，但却不能吃，因为它是有毒的哟！

腊梅喜欢阳光，能耐阴、耐寒、耐旱，我国很多地区都有种植，是冬季主要的观赏花木之一。

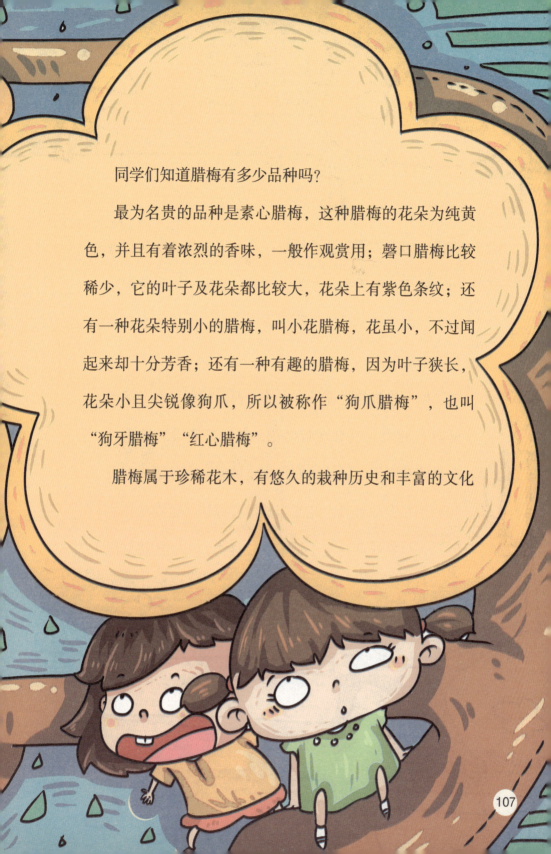

同学们知道腊梅有多少品种吗？

最为名贵的品种是素心腊梅，这种腊梅的花朵为纯黄色，并且有着浓烈的香味，一般作观赏用；磬口腊梅比较稀少，它的叶子及花朵都比较大，花朵上有紫色条纹；还有一种花朵特别小的腊梅，叫小花腊梅，花虽小，不过闻起来却十分芳香；还有一种有趣的腊梅，因为叶子狭长，花朵小且尖锐像狗爪，所以被称作"狗爪腊梅"，也叫"狗牙腊梅""红心腊梅"。

腊梅属于珍稀花木，有悠久的栽种历史和丰富的文化

内涵。河南省鄢陵县的姚家村，家家户户的屋前都种植了腊梅，两千多年来都是如此，获得"姚家黄梅冠天下"的美誉。姚家村腊梅之所以得到人们的重视，是有来历的。

据说最早的腊梅没有香味。西周鄢国（在今河南鄢陵）的国君很喜欢腊梅花，却又嫌它没有花香。于是给花匠下令，让他们在规定的时间内让腊梅有香味，不然全部处死。花匠当然没有办法，正在绝望之际，一位姓姚的叫花子带来几枝臭梅，将它嫁接到腊

梅树上。过了一段时间，腊梅开花了，花苞散发出阵阵的清香。国君大悦，下令把姓姚的叫花子召到宫廷的花园当花匠。后来，鄀国被郑国所灭，宫殿被毁，只有花园保留下来，即后来的姚家村。村人一直种植腊梅花，让姚家村成为冬季赏腊梅的旅游胜地。

中国文化界历来有借物抒情、指物明志的传统。知道腊梅的生活习性，就不难理解腊梅的文化内涵了，因而就可以回答"做人也要像腊梅一样"的问题了。它主要是说做人要有骨气，特别是在逆境中要坚持真理和信

腊梅花与梅花有何不同

腊梅花与梅花有很大的区别。

第一，从植物学分类来看，两者不同科、不同属，是两种不同的植物。腊梅是腊梅科腊梅属丛生灌木，梅花是蔷薇科乔木。第二，花的颜色不同。腊梅花是密蜡黄色，梅花有白色、粉红色、紫色等。第三，开花时间不同，腊梅比梅花早2个月开放。腊梅是冬季开花，梅花是迎春开花。

仰，不同流合污，不向恶势力低头。

腊梅不仅是观赏花木，其花含有芳樟醇、龙脑、桉叶素、蒎烯、倍半萜醇等多种芳香物质，可以提炼出高级香料。另外，腊梅花还可入药，具有解暑生津、顺气、止咳、解毒生肌之效。

皮肤痒痒，金缕梅快快来帮忙

同学们洗澡都会用沐浴露，你们仔细看看包装瓶上的配方，看看其中是否有金缕梅的成分，因为它可是止痒最有效的成分哟！

金缕梅是落叶小乔木，可以长到9米多高呢！叶子一般为倒立的卵形，叶子顶端尖尖的，而后逐渐圆滑，边

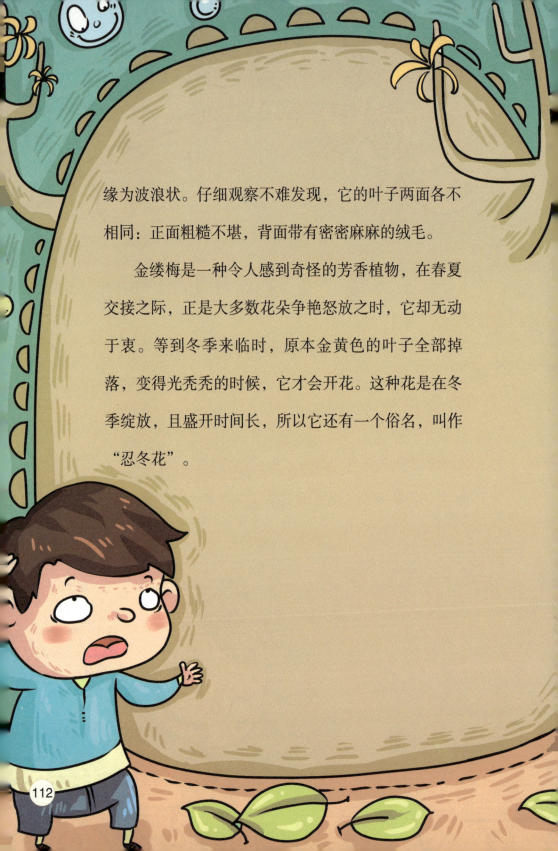

缘为波浪状。仔细观察不难发现，它的叶子两面各不相同：正面粗糙不堪，背面带有密密麻麻的绒毛。

金缕梅是一种令人感到奇怪的芳香植物，在春夏交接之际，正是大多数花朵争艳怒放之时，它却无动于衷。等到冬季来临时，原本金黄色的叶子全部掉落，变得光秃秃的时候，它才会开花。这种花是在冬季绽放，且盛开时间长，所以它还有一个俗名，叫作"忍冬花"。

　　在没有叶子的枝丫上，毛茸茸的金黄色花朵挂在上面，非常引人注目。它们的花朵有4片花瓣，分别向外托出，就像是4条金丝带一样。

　　同学们，金缕梅是一种适应性很强的植物，它耐阴、耐寒，若在阳光充足、温暖湿润的气候中，就会长得非常茂盛。金缕梅对土壤要求不高，它们多生长在拥有丰富的腐殖质的山林中。

金缕梅的叶子及树皮皆可作为药用。将金缕梅的叶子以及树皮捣碎，制成药膏可治疗伤口。另外，金缕梅对蚊虫叮咬以及皮肤溃烂也有明显的疗效，是居家必备的良药之一。据说它还能消除黑眼圈呢！

中暑了，人们就想起藿香

夏季来临，一些家庭都要备几瓶藿香正气水，以便有人中暑时服用。

藿香正气水是夏季常用解暑药物，主要由藿香、苍术、陈皮、厚朴、白芷、茯苓、大腹皮、半夏、甘草、紫苏等中药组成，具有散寒化湿、和中祛暑的作用，常用来治疗脘腹胀痛、呕吐腹泻以及胃肠型感冒。

既然藿香正气水以藿香命名，主要药材就应当是藿香。下面我们就来看看藿香的来历吧！

藿香为唇形科藿香属，多年生草本植物。别名又多又

有趣，有兜娄婆香、猫尾巴香、山茴香、土藿香、猫把、青茎薄荷、排香草、大叶薄荷、绿荷荷、川藿香、苏藿香、野藿香、猫巴虎、

拉拉香、八蒿、鱼香、鸡苏、水麻叶、何香等。

　　藿香的茎直立生长，植株高40～100厘米，茎的形状为四棱形，有的长得比同学们的手腕还要粗上一倍呢！它的茎上部有极短的细毛，不过需要细细观察才能发现；下部则是光秃秃的，看上去很不协调。

　　藿香的叶子为橄榄绿色，如巴掌一样大小，边缘有粗齿形状，我们的肉眼就能看到。若是用手去碰一碰还会有些刺痛哩！每年6月，藿香花相

约开放，花呈唇形，白色或紫色聚在一起，就像一串串的麦穗。藿香在每年的10~11月结果。

藿香的植株就是中药材藿香，有止呕吐、治霍乱腹痛、驱逐肠胃充气清暑等功效。藿香的果可作香料，叶及茎均富含挥发性芳香油，有浓郁的香味，是提炼芳香油的原料。

接下来大家轻松一下，来看一个有关藿香能有效地预防和治疗中暑的民间故事。

在很久以前，深山老林里住着霍家兄妹，哥哥叫霍青，而妹妹出生时正逢花开，清香飘来，因此得名霍香。后来，父母病故，只留下兄妹两人相依为命。哥哥娶亲后，为了家

里的生计，便外出从军了，家里只留下姑嫂二人。平日里，姑嫂相互体贴，一起下地干活，一起操持着家务，过得虽不富裕，但是很幸福。

一年夏天，霍香的嫂子中暑了，浑身发热，头昏脑涨，恶心想吐。霍香看着嫂子的症状，她想起自己家的后山上有种专门治中暑的草药，那草药还带着一股子香气。她瞒着嫂子去了后山，去找这种草药。霍香去了一天，直到天黑才跌跌撞撞地回了家，一踏进家门便一头栽倒在地上，手上还紧紧捏着采摘的草药。嫂子一见到霍香，便连忙扶起询问缘由，原来霍香在采药时不慎被毒蛇咬伤，中了蛇毒。

嫂子哭喊的声音引来邻居，乡亲们将郎中找来，不过为时已晚。嫂子用霍香采来的草药治好了病，并在乡亲们的帮助下，让霍香入土为安。为了纪念善良的霍香，人们便将那可以治疗中暑的草药亲切地称为"霍香"。因为是草药的原因，后来人便在上面加了一个"草字头"，于是就成了如今的"藿香"。

香紫苏和紫苏
可不一样哟

香紫苏这个名字是不是很好听呢？同学们知道它有什么特点吗？香紫苏是一种会散发出香味的植物，它不仅名字好听，而且长得也十分的漂亮呢！

香紫苏又名南欧丹参、香丹参、麝香丹参，它的叶子呈长椭圆形，花序为轮子形状，花朵呈粉红或者浅紫色。因为它们的外形与老鼠有些相似，所以又名"莲座鼠尾草"。

香紫苏是唇形科鼠尾草属，二年或多年生草本植物，高约1～2米。它在每年6月至9月播种，次年7～9月成熟。香紫苏之所以受到人们的重视，是因为干燥后的香紫苏花中含有香紫苏油，提炼后可广泛用于日化及食用香精中。

每年7月份，头年种植的香紫苏开始结果，褐色的圆形小坚果便会从凋谢的花朵处长出，果子表皮光滑，到了9月份果子便成熟了。好奇的同学们可不要尝，否则你们的肚子会疼呢！

香紫苏原产于法国格拉斯地区，后扩展至俄罗斯和乌克兰、摩尔多瓦、乌兹别克斯坦、保加利亚等国家，美国的北卡罗来纳州也有大面积种植。我国是20世纪70年代才从东欧引进的，先在陕西渭南大荔及延安南泥湾试种，目前我国河南、河北、山西、陕西、甘肃和新疆等地都有种植，耕种面积已占全球种植面积的一半以上。中国已成为香紫苏的重要种植地，种植农户也有较好的经济效益。

说到这里，大家是不是又想起一种名为"紫苏"的中药，它常被人们与香紫苏混为一谈，其实他们是同科不同属的两种植物。

紫苏，又名白苏、赤苏、红苏、香苏等，是唇形科一年生草本植物，主产于东南亚和我国台湾、浙江、江西、湖南等地区，喜马拉雅地区也有分布。

我国种植应用紫苏约有2000年的历史，主要用于药用、油用、香料、食用等方面，其叶（苏叶）、梗（苏梗）、果（苏子）均可入药，嫩叶可生食、做汤，茎叶可腌渍。

相传在我国三国时期，神医华佗曾用一些紫色草，治好几个贪吃螃蟹而肚子疼的少年。这种紫草被华佗取名"紫舒"，后人写错就变成"紫苏"了。